Stanislas Meunier

La Crue de la Seine et la géologie hydrologique

Géologie

 Le code de la propriété intellectuelle du 1er juillet 1992 interdit en effet expressément la photocopie à usage collectif sans autorisation des ayants droit. Or, cette pratique s'est généralisée dans les établissements d'enseignement supérieur, provoquant une baisse brutale des achats de livres et de revues, au point que la possibilité même pour les auteurs de créer des œuvres nouvelles et de les faire éditer correctement est aujourd'hui menacée. En application de la loi du 11 mars 1957, il est interdit de reproduire intégralement ou partiellement le présent ouvrage, sur quelque support que ce soit, sans autorisation de l'Éditeur ou du Centre Français d'Exploitation du Droit de Copie , 20, rue Grands Augustins, 75006 Paris.

ISBN : 978-1724795632

10 9 8 7 6 5 4 3 2 1

Stanislas Meunier

La Crue de la Seine et la géologie hydrologique

Géologie

Table de Matières

Section I	7
Section II	13
Section III	18
Section IV	21
Section V	23
Section VI	26
Section VII	30
Section VIII	35
Section IX	37

L'inondation qui vient de se déchaîner, dans le bassin hydrographique de la Seine et à Paris, a causé dans le monde entier une émotion profonde. « C'est une pensée très triste et douloureuse que d'imaginer la belle ville, la splendide ville envahie par les eaux. C'est un malheur pour l'humanité, comparable au désastre qui a frappé notre île l'année dernière, » nous écrit un habitant de Palerme, artiste et savant à la fois, le marquis Antonio de Gregorio, et sa lettre est l'écho du sentiment universel. Au milieu des désastres si fréquents qui se produisent sous tant de cieux, on n'est pas accoutumé à voir Paris soumis à la loi commune. Qu'il soit privé de lumière et de moyens de transport, que les communications soient entravées entre ses différents quartiers et avec le reste de l'univers, voilà qui semble anormal, et tout le monde s'est senti touché par le mal qui l'atteint. La preuve en est dans l'élan sans pareil de la souscription internationale au secours des inondés et dans le chiffre qu'elle a atteint. On parlera longtemps sur toute la terre des Champs-Élysées changés en lac, des rues de Lille et de l'Université composant une nouvelle Venise, de la place du Havre s'effondrant sous l'action des ruissellements, car en tous lieux, ces noms sont, aussi familiers qu'à nous-mêmes.

Section I

En présence de l'événement, on a presque oublié qu'il se soit jamais produit, sauf pour trois crues exceptionnelles. Il importe cependant de se rendre compte que Paris est en réalité exposé d'une manière permanente au retour de semblables calamités, et, avant d'en rechercher les causes, il sera fort utile d'appeler ici le témoignage de l'histoire.

La *Collection des Mémoires relatifs à l'Histoire de France* (Collection Guizot) contient ce passage de Grégoire de Tours : « La huitième année du roi Childebert (583), au mois de février, les eaux de la Seine et de la Marne grossirent au-delà de la coutume et beaucoup de bateaux périrent entre la Cité et la basilique de Saint-Laurent. »

Sur l'emplacement de cette basilique de Saint-Laurent, les antiquaires ne sont pas d'accord. Il est peu vraisemblable qu'il s'agisse d'une église située, comme celle qui porte actuellement le même nom, dans le faubourg Saint-Martin, et qui semble vraiment hors des atteintes de la Seine, même par les plus forts débordements que l'on puisse concevoir.

Les anciennes chroniques citent des inondations dans les années 820, 821, 854. On promenait alors la châsse de Sainte-Geneviève, pour que la bonne patronne défendît la cité contre les éléments, comme elle l'avait défendue contre les Huns, et cette coutume persista jusqu'au milieu du XVIIIe siècle. En février 886, le fleuve débordé se fit l'auxiliaire des Parisiens assiégés par les Normands. « Tout à coup, dit le poète Abdon (Collection Guizot, t. VI), pendant le silence de la nuit, le milieu du pont s'écroule entraîné par le courroux des ondes furieuses, qui s'enflent et débordent. La Seine, en effet, avait étendu de tous côtés les limites de son humide empire et couvrait les vastes plaines des débris du pont, qui, du côté du midi, ne portait que sur un point où le fleuve s'abîme dans un gouffre. Il n'en fut pas de même de la citadelle qui, bâtie sur une terre appartenant au bienheureux saint Germain, resta debout sur ses fondements. » L'inondation et le siège se prolongèrent, car, parlant de ce qui se passait en mars, le poète dit : « La Seine, nous prêtant son secours, enfle ses ondes, engloutit au fond de ses abîmes ces malheureux et les fait descendre dans l'Averne. » N'y eut-il plus d'inondation jusqu'au XIIe siècle ? C'est peu probable. Mais on n'en sait rien. Orderic de Vital (*Histoire de Normandie*) dit qu'en 1119, à la suite de grandes pluies, il y eut des inondations dont souffrirent fort Paris et Rouen. 1125, 1175, 1195, 1196, 1206, 1219, 1232, 1233, 1236, 1281, 1296, 1306 furent aussi des dates néfastes, particulièrement les deux dernières. En 1296, « la veille de Saint-Thomas l'Apôtre, dit Guillaume de Nangis (Collection Guizot, t. XIII), le fleuve de la Seine s'accrut tellement qu'on ne se souvient pas et qu'on ne trouve écrit nulle part qu'il y ait jamais eu à Paris une si forte inondation, car toute la ville fut remplie et entourée d'eau ; en sorte qu'on ne pouvait y entrer d'aucun côté, ni passer dans presque aucune rue sans le secours d'un bateau. La masse des eaux et la rapidité du fleuve firent crouler entièrement deux ponts de pierre, des moulins et des maisons bâties dessus, et le châtelet du Petit-Pont. » L'inondation de 1306 se compliqua de gel, avant la décrue, en sorte que la débâcle fut terrible.

Un assez long temps se passe sans qu'il soit question d'inondations dans l'histoire. Puis on en constate de graves en 1373, 1384, 1394. En février 1407, ce fut la fonte des glaces qui causa le débordement. Un froid terrible sévissait depuis le mois de novembre. De lourdes charrettes pouvaient traverser la Seine sur la glace. Le Petit-Pont, le pont Saint-Michel et les maisons du Grand-Pont furent emportés, après avoir été ébranlés et renversés par le choc des glaçons, malgré les pieux enfoncés dans la rivière pour amortir cet assaut. Inondation en juin 1426, ce qui est presque une anomalie, et de même en 1427, à la Pentecôte, ce qui pourrait donner à croire qu'on a simplement attribué des dates différentes à un même événement. Mars 1432, janvier 1434, avril 1442, janvier 1496 eurent des crues importantes. L'inondation de 1497 eut pour conséquence, au bout de deux ans, la chute du pont Notre-Dame. Il y eut encore des débordements en 1505, 1531, 1547, 1564, 1570, 1571, 1573, 1582, 1595. Quelques mois après la crue de cette dernière date, le pont Aux Meusniers s'écroula avec les maisons qui y étaient bâties, et l'Estoile fit de cette catastrophe une punition du ciel, car, dit-il, « la plupart de ceux qui périrent dans ce déluge estoient tous gens aisés, mais enrichis d'usures et pillages de la Saint-Barthélémy et de la Ligue. Sur quoi, sans nous arrester à l'accessoire, sçavoir au mauvais gouvernement tout notoire et meschante police de la ville de Paris, nous faut regarder au doigt de Dieu, qui est la cause principale, lequel en ce malheur nous a voulu proposer un exemple de sa justice, qui s'exécute tost ou tard sur les rebelles et réfractaires à ses saincts commandements et à sa parole. »

En 1616, il y eut à la fois débâcle et inondation. L'ébranlement du pont au Change fut tel que la plupart de ses maisons s'écroulèrent. 1649 et 1651 virent aussi des crues considérables. Mais elles furent surpassées par celle de 1658. La moitié de la ville, les mêmes environs dont il fut tant parlé ces derniers temps furent envahis par les eaux. Le pont Marie fut en partie détruit avec vingt-deux de ses maisons. Deparcieux (Mémoires de l'Académie des Sciences, année 1764) donne de la ville, d'après les récits des témoins, une description qui pourrait s'appliquer à peu près au Paris inondé de 1910.

Dans la seconde moitié du XVIIIe siècle, on note encore les crues de 1665, 1671, 1677, 1684, 1690.

Avec le XVIIIe siècle nous arrivons à une époque où les crues furent observées avec plus de précision. En 1711 et 1726, il y en eut d'importantes qui donnèrent lieu à des mémoires de l'Académie des Sciences.

La grande crue de 1740 fut spécialement étudiée. Il faut en lire la description dans les Mémoires contemporains de l'Académie des Sciences, dans le *Journal* de Barbier, dans la relation de Bonamy (Mémoires de l'Académie des Inscriptions et Belles-Lettres, années 1741-1743) en s'aidant du plan de Turgot. Dès que l'eau commença à croître dans des proportions inquiétantes, c'est-à-dire le 7 décembre 1740, le reliquaire de Sainte-Geneviève et celui de Saint-Marcel furent découverts par arrêt du Parlement. On alla en procession à Notre-Dame et à Sainte-Geneviève, et l'archevêque, dans un mandement, prescrivit des prières publiques. Cependant le fléau sévissait encore en janvier 1741. « D'un côté, dit Barbier, la plaine de Grenelle et tout le canton des Invalides, le grand chemin de Chaillot, le Cours et les Champs-Elysées, tout est couvert d'eau. Elle vient même par la porte Saint-Honoré jusqu'à la place Vendôme. Le quai du Louvre, le quai des Orfèvres, le quai de la Ferraille, le quai des Augustins, la rue Fromentau jusqu'à la place du Palais-Royal, tout est en eau. Le côté de Bercy, de la Râpée, de l'Hôpital Général, de la porte et quai Saint-Dernard, c'est une pleine mer. La place Maubert, la rue de Bièvre, la rue Perdue, la rue Galande, la rue des Rats et la rue du Fouarre, c'est pleine rivière. Toutes les boutiques sont fermées ; de tous les côtés on est réfugié au premier étage, et c'est un concours de bateaux, comme en été, au passage des Quatre-Nations (l'Institut). La place de Grève est remplie d'eau, la rivière y tombe par-dessus le parapet… Dans les rues de Paris où il y a des égouts, l'eau de la rivière y gonfle, se répand dans la rue et il faut y passer dans des bateaux ou sur des planches. La rue de Seine, faubourg Saint-Germain, est remplie d'eau qui entre des deux côtés dans les maisons… On ne passe que sur le Pont-Royal et sur le Pont-Neuf… On a vu dans la place Maubert porter le Bon Dieu dans un bateau… Il y eut quelques maisons détruites et renversée par les eaux, entre autres une, rue Saint-Dominique vis-à-vis le couvent de Belle-Chasse, appartenant à M. le duc de Saint-Simon ; il y en avait une partie vieille et l'autre rebâtie à neuf. La partie vieille a résisté… Il y a des ordres pour visiter les fondements quand la rivière sera retirée et le dommage sera considérable… »

A part ce que l'on a à dire aujourd'hui du Métropolitain, la description de l'avocat Barbier ne convient-elle point à ce que nous venons d'avoir sous les yeux ?

Les inondations de 1751, de 1764, de 1784, de 1795 furent désastreuses, sans atteindre à la hauteur de celle de 1740.

L'inondation qui commença le 1er décembre (10 frimaire) 1801 eut des péripéties cruelles. Elle a été étudiée d'une façon officielle par Bralle, ingénieur hydraulique en chef du département de la Seine. Ce 10 frimaire, les eaux étaient à 4m, 32 au pont de la Tournelle ; le 14, elles atteignaient 5m, 62 ; le 18, 6m, 22. Des poutres, des meubles, des débris de toutes sortes annonçaient déjà le désastre de bien des habitations. Le 23, les eaux commencèrent à baisser, et le 4 nivôse (25 décembre) elles n'étaient plus qu'à 3m, 35.

Mais le lendemain, elles croissaient brusquement de 80 centimètres ; le 6 et le 7, elles redescendaient ; le 8, elles remontaient encore avec violence, et le 12 (2 janvier 1802) se trouvaient à 7m, 10, la nuit à 7m, 45. Au point du jour, elles commencèrent de baisser. Mais, autre malheur, le froid était grand. « Dix-huit chantiers bordant le port Saint-Bernard, écrit Bralle, étaient inaccessibles, et les glaces, réunies en masses énormes, fracassaient et entraînaient tout ce que le débordement semblait avoir respecté. La promptitude de la crue et la hauteur extraordinaire de l'eau n'avaient point permis de fermer, suivant l'usage, la grande estacade entre l'île Louviers et celle de la Fraternité (île Saint-Louis). En vain avait-on rassemblé, dans le bras qu'elle défend, tous les bateaux qu'il pouvait contenir ; les glaces y pénétraient et devaient tout anéantir, si rien ne s'opposait à ce qu'elles s'y précipitassent au moment prochain d'une débâcle que tout annonçait devoir être terrible. » Tout se passa bien. Les deux estacades purent être fermées.

Les malheurs du centre de Paris ressemblent alors à, ceux qui viennent de frapper des quartiers éloignés de la Seine et que l'on attribue trop exclusivement, dans le public, aux récents travaux souterrains.

« Après avoir indiqué les limites de l'inondation et tous les points intéressants sur lesquels les eaux de la rivière se sont immédiatement portées, on va désigner ceux de l'intérieur de Paris, où elles sont parvenues par différentes bouches d'égouts. La tête de celui de la grande rue du Faubourg Saint-Honoré, au coin de celle Neuve-du-Colisée, fut couverte de 22 centimètres et les eaux s'étendirent, en remontant vers l'église de Saint-Philippe, à 81 mètres de distance sur la chaussée, et à 272 mètres du côté de la rue de Marigny… Les eaux pénétrèrent aussi dans la rue d'Anjou, mais à peu de distance de l'égout ; elles s'étendirent dans toute la rue de Pologne (partie de la rue de l'Arcade) depuis la rue Neuve-des-Mathurins jusqu'à celle Saint-Lazare ; elles avaient 30 centimètres de hauteur à l'angle de la rue de Pologne… La majeure partie des terrains, compris entre les rues de la Pépinière, Saint-Lazare, le ci-devant couvent des Capucins (dans la rue Caumartin) et les rues de l'Egout, Roquépine et Verte furent noyées ; mais celles de Miromesnil et d'Astorg restèrent au-dessus de l'eau. »

Le XIXe siècle ne le cède pas aux précédents en fait de désastres fluviaux. 1806, 1807, 1817, 1819-1820, mai et décembre 1836, 1845, 1847 et 1848, 1850, 1866, 1872, 1876, 1882-1883, 1893 eurent des crues plus ou moins désastreuses. L'inondation de 1882-1883 présente certaines analogies avec celle de 1801-1802, qui avait été précédée de dix-huit mois de sècheresse ; la Seine à Paris se maintint longtemps au niveau des basses eaux de 1719. Il en fut de même en 1882. Cette année-là, il y eut un maximum de 6m, 24 le 7 décembre, puis une baisse rapide qui, le 23 décembre, mettait le fleuve à la cote de 2m, 40. Une nouvelle période de pluie amenait une nouvelle crue, et le 15 janvier, l'eau était, à Austerlitz, de 12 centimètres plus haut qu'en décembre.

Ajoutons que dans ses plus grandes crues, la Seine fait passer sous le pont de la Tournelle 2 110 mètres cubes par seconde. Dans les basses eaux, il ne passe que 40 mètres cubes par seconde. Il y aurait donc 52 fois plus d'eau dans les grandes crues qu'à l'étiage.

L'étiage du pont de la Tournelle a été marqué sur les basses eaux de 1719. Le zéro de l'échelle du pont d'Austerlitz est à 0m, 14 au-dessus de l'étiage de la Tournelle. Pour obtenir la hauteur de l'eau à l'échelle du Pont-Royal, il faut ajouter 0m, 90 au nombre observé au pont de la Tournelle.

La Seine est déjà en grande crue, lorsqu'elle marque 5m, 30 au pont d'Austerlitz. La navigation est alors supprimée.

Section II

Tant de calamités, — que subissent chacune à son tour presque toutes les contrées du globe, puisque la plupart des fleuves ont des débordements funestes pour l'humanité, — pourraient sembler à première vue le résultat d'un désordre dans la nature, comme si ses lois avaient été transgressées, son équilibre un moment perdu.

Cependant, en réfléchissant un peu, nous ne tardons pas à être pris de scrupule sur la légitimité de notre impression instinctive : ne commettons-nous pas une confusion entre notre point de vue particulier et les grandes lignes du plan de la Création ?

Le fait qu'une rivière déborde n'est pas nécessairement un oubli des règles établies, et tout le monde a présent à l'esprit la régularité, pour ainsi dire mathématique, avec laquelle, depuis l'antiquité la plus haute, le Nil sort de son lit chaque année et procure ainsi au pays qu'il inonde une fertilité restée légendaire, que les anciens ont portée au maximum par de judicieux aménagements hydrauliques. Crue n'est donc pas, par définition, synonyme de catastrophe, et il y aurait à faire, à cet égard, une classification des cas possibles.

Ce qui domine la question, c'est bien la signification du phénomène, non pas au point de vue humain (point de vue capital pour nous, bien entendu et que nous aborderons tout à l'heure), mais relativement à l'équilibre général de la surface terrestre. Il y a dans cette direction nombre de considérations à développer : plus d'une est de nature à séduire des esprits curieux de philosophie naturelle. Nous nous bornerons à exposer les principales.

La vue d'une rivière qui coule selon son thalweg nous amène bien vite à la considérer comme un organe, remplissant une fonction parfaitement définie, dans l'ensemble des phénomènes qui assurent à la Terre un équilibre mobile. La rivière est l'agent de décharge des régions exondées, à l'égard de l'eau que l'atmosphère apporte à leur surface sous les formes multiples de pluie, de neige, de grêle et aussi de vapeurs qui se condensent en rosée, en gelée blanche ou en givre.

Or, c'est une notion tout à fait courante que la migration atmosphérique de l'eau : pompée à la surface de la mer par l'ardeur du soleil, convertie en nuages (amas de poussière aqueuse) dans les hauteurs de l'air, précipitée en pluie par suite d'une condensation que détermine un abaissement de température et ramenée finalement par ruissellements de tous ordres à son point océanique d'origine. Mais de combien de détails ne doit-on pas compléter cette sorte de schéma, pour avoir de la réalité un aperçu un peu exact ! La pluie tombée sur le sol est bien loin de ruisseler tout entière : une portion s'évapore tout de suite et une autre, dont le volume, variable suivant les cas, peut être considérable, s'infiltre dans la terre.

Quoi qu'il en soit, on est bien sûr de la relation intime entre la quantité d'eau venant du ciel et la quantité d'eau emportée par la rivière. Les variations de l'une expliquent les variations de l'autre.

Il est évident aussi que les inégalités de volume d'un même cours d'eau ont des conséquences qui dépendent de la forme même du sol sur lequel il se meut. La vallée est le complément obligé de la rivière, au point que la conception d'une rivière sans vallée pour la contenir est un non-sens : d'où il résulte que pour comprendre les rivières, leurs variations et par conséquent leurs crues, il faut soumettre à une étude spéciale la vallée qui les contient.

Je viens de dire que la définition même de la rivière est incompréhensible sans l'existence antérieure de la vallée. Et cependant il faut reconnaître, afin de prévenir tout malentendu, que c'est à cette incompréhensibilité que les géologues se sont d'abord résignés, pour expliquer l'origine des dépressions dans lesquelles s'accomplit la circulation des eaux courantes. Méconnaissant les prodigieuses durées des périodes, anciennes de l'évolution du globe terrestre, les plus grands naturalistes se sont trouvés d'accord pour supposer que les traits du relief terrestre avaient dû se produire dans un temps extrêmement court. C'était admettre la nécessité, dans l'établissement de l'état de choses actuel, d'agents naturels infiniment plus énergiques que ceux dont les travaux s'accomplissent sous nos yeux.

Cette manière de voir, appliquée d'abord aux phénomènes internes, comme les éruptions des volcans et la formation des roches et des gîtes métallifères, s'étendit progressivement à tout et même à la production des vallées. Si les collines de Montmartre et de Meudon à Paris, tout en étant formées des mêmes matériaux superposés dans le même ordre, sont séparées l'une de l'autre, c'est parce qu'une cause colossalement puissante a arraché, d'un seul coup, toute la substance qui jadis remplissait entre elles la dépression actuelle au fond de laquelle coule la rivière. Cette cause est une rivière aussi profonde que la vallée est creuse et qui la remplissait d'un bord à l'autre. Et comme on l'a reconnu d'autre part, pour ne parler que de la France, au moment même où se creusaient la vallée de la Seine et toutes les vallées qui y convergent, les autres bassins hydrographiques : de la Somme, de la Loire, du Rhône, de la Garonne, etc., etc., se constituaient de leur côté. On arrive donc à cette conclusion que tout notre pays, — et il en est de même de toutes les autres régions du monde, — devait être à très peu près couvert d'eau. Malgré son invraisemblance, tout le monde a cru longtemps à cet ancien état de choses et il y a encore aujourd'hui bien des personnes qui ne se sont pas dégagées complètement du vieil enseignement.

Sans entrer dans les détails, on peut dire que les difficultés contre ce système sont innombrables et, par exemple, on est bien empêché de trouver des sources assez puissantes pour alimenter une semblable irrigation. A cette occasion, l'imagination s'est donné une carrière sans frein. Ed. Hébert, qui fut professeur à la Faculté des Sciences de Paris, étudiant le bassin de la Seine, a été jusqu'à supposer que la France du Nord a éprouvé, d'une manière subite, un double mouvement de bascule dont la première partie a permis aux eaux salées de venir baigner le pied des Alpes et dont la seconde les a violemment rejetées dans la Manche. C'est pendant la deuxième période que les vallées ont été dessinées comme des témoignages de l'irrésistible violence de ce cataclysme. Personne à cette époque ne s'est trouvé pour remarquer que la bascule dont il s'agit aurait dû se faire sentir dans l'allure des autres bassins hydrographiques voisins qui, au contraire, se signalent par une remarquable indépendance réciproque.

L'examen impartial des faits, par lequel on aurait dû commencer et auquel on s'est résigné par la suite, a montré qu'au contraire, le creusement des vallées comparables à celle de la Seine s'est accompli par des causes agissant avec une très grande délicatesse, au point qu'à deux ou trois kilomètres seulement en aval de leur confluent, deux rivières comme la Seine et l'Yonne n'ont aucunement mélangé les débris rocheux de leurs vallées respectives.

L'origine des vallées important au plus haut point à la compréhension des rivières qu'elles contiennent et l'histoire des inondations n'étant qu'un détail de celle des rivières, il est indispensable de faire sur ce point une lumière décisive qui éclairera la suite de notre étude.

Il se trouve, grâce à des dispositions qu'on peut sans exagération qualifier de providentielles, — puisqu'elles contiennent pour nous un enseignement des plus précieux, — que, si dans la vallée de la Seine comme dans bien d'autres, il n'y a pas de raisons immédiates pour décider entre ces deux suppositions, d'autres pays, au contraire, offrent à l'observation des détails qui ne s'accommodent pas de la même liberté d'interprétation.

Nous avons, sur le sol même de la France, une belle région qui convient admirablement à notre démonstration et dont la structure paraîtrait avoir été agencée à seule fin de nous éclairer sur l'allure des phénomènes superficiels. Il s'agit de l'Auvergne, dont la surface, en même temps qu'elle comprend des vallées avec leurs rivières comparables à celles que nous étudierons tout à l'heure, a reçu en même temps et d'une manière intermittente, les coulées de très nombreux volcans. Cette circonstance a suffi pour lui donner un caractère tout à fait spécial.

En effet, les coulées de volcans aujourd'hui éteints occupent invariablement, en Auvergne, des sommets de collines. Ainsi, de la place de Jaude, en pleine ville de Clermont-Ferrand, on aperçoit, à peu de distance, l'illustre sommet de Gergovie où Vercingétorix sauva l'honneur de nos aïeux. Eli bien ! Gergovie est formée d'une table de lave basaltique, supportée par un piédestal d'une centaine de mètres de hauteur de roches sédimentaires pareilles à celles qui composent le sol des régions voisines. Or, ce basalte sortant du cratère qui l'a rejeté à l'époque tertiaire la plus récente a nécessairement suivi quelque ravin pour s'écouler : la roche fondue se comporte en effet comme tous les liquides et conformément au spectacle que nous donnent à chaque éruption les volcans aujourd'hui actifs. Donc, depuis que le basalte s'est déversé sur la campagne de Clermont, le paysage a subi de singulières transformations ; les collines qui enserraient le ravin dans lequel s'était fait l'épanchement de lave ont disparu, et même leur emplacement est aujourd'hui en creux de 150 mètres, par rapport à la roche ignée.

Quant à la cause de cette érosion gigantesque, elle ne saurait être recherchée dans les violents courants d'eau auxquels nous avons fait plus haut allusion : la substance qui supporte la lave, faite de marne et de calcaire argileux, est si facilement délayable qu'un semblable courant ne mettrait pas longtemps à faire disparaître Gergovie, qui s'écroulerait tout entière. L'auteur de la métamorphose du paysage, c'est la pluie, et c'est ce que déjà, à la fin du XVIIIe siècle, avait reconnu Montlosier, gentilhomme auvergnat qui a laissé, sur ce sujet, un volume des plus remarquables (*Essai de la théorie des volcans d'Auvergne*, 1881) C'est aussi ce qui a été confirmé successivement, en 1819, par le lithologiste français d'Aubuisson de Voisin (*Traité de Géognosie*) et quelques années plus tard, d'une manière décisive, par Poulett Scrope dans sa *Geology and extinct volcanocs of Central France* (1827).

Mais le cas de Gergovie est loin d'être isolé ; il reçoit une confirmation décisive du témoignage de la foule de localités qui l'entourent et où l'on voit varier, en même temps, l'antiquité de l'éruption fournissant la roche fondue et la valeur métrique de l'érosion pluviaire. Le pays se montre donc comme ayant été décapé d'une façon continue par l'eau sauvage et comme ayant laissé, grâce aux épanchements des laves, des lambeaux de sa surface à différents moments successifs. En rapprochant toutes les indications de ce genre et en les soumettant à la plus sévère critique, on aboutit à cette conclusion dont l'importance n'échappera à personne, que depuis que l'Auvergne est continentale, — c'est-à-dire depuis qu'elle a été soulevée par les forces souterraines au-dessus du niveau de la mer, — elle a perdu 600 mètres d'épaisseur sur toute sa surface, par le fait exclusif de la pluie.

Section III

Ceci étant acquis et bien acquis, — car on ne peut rien contre les faits observés, sinon négliger de les citer et c'est ce qu'on a fait trop souvent, — nous pouvons aller plus loin et poursuivre notre étude des vallées ordinaires, avec le souci de reconnaître comment leur structure explique l'allure des rivières qui en parcourent le thalweg, spécialement dans les moments d'inondation.

Quand on cherche à refaire l'histoire géologique d'une région analogue au nord de la France, on reconnaît avec certitude qu'elle a constitué un ancien fond de mer, exondé à la suite d'un soulèvement général très lent et continué très longtemps. Il existe, en bien des pays, des exemples de rivages qui subissent en ce moment un mouvement vertical de ce genre : la cause en est dans le refroidissement progressif et dans la contraction consécutive des substances constituant le noyau de la Terre.

Or, un fond de mer émergeant et devenant ainsi une région continentale, éprouve évidemment de grands changements dans son régime : parmi eux, le plus immédiatement sensible est la réception de la pluie, qui ne pouvait l'atteindre quand il était sous les flots. La goutte de pluie travaille aussitôt le sol sur lequel elle tombe et y réalise des effets variés. D'abord, le choc de la petite sphérule aqueuse déplace de la matière délayable, sable ou argile ; ensuite elle l'accumule en certains points aux dépens de points voisins. Théoriquement, on pourrait croire qu'une pluie régulière tombant sur un sol homogène exercera la même action dans tous les points ; mais la moindre observation démontre qu'il n'en est rien. Par suite de circonstances locales qui peuvent être insensibles, certains points sont un peu plus impressionnables ou au contraire plus résistants que les points voisins et il en résulte immédiatement de petits ravinements. Il suffit de faire appel à nos souvenirs pour constater que, quelque soin qu'on prenne dans l'établissement des allées de terre battue de nos jardins et de nos parcs, l'effet le plus immédiat de la pluie est d'y dessiner des réseaux de tout petits sillons anastomosés entre eux et qui, sous l'influence de pluies continues, s'accentuent de proche en proche, de façon à ressembler beaucoup aux systèmes de rivières représentés par les cartes géographiques.

A première vue, il semble qu'il ne puisse y avoir aucun rapport entre ces délinéaments minuscules et les vallées où serpentent nos rivières, et pendant bien longtemps on a refusé de les étudier. La suite a démontré qu'on avait tort ; il faut admettre aujourd'hui que ces sillons infimes sont des embryons de vallées et que les vallées plus larges, comme celles de la Seine et de ses affluents, n'ont pas eu d'autre commencement.

Tout le monde peut en quelques heures s'édifier complètement à cet égard : il suffit, en effet, d'aller voir ce qui se passe à l'origine des plus petits affluents de la rivière.

Pour fixer les idées, supposons que l'on remonte la Seine jusqu'à Marcilly, point où elle reçoit l'Aube, qu'on remonte celle-ci jusqu'à Boulage où elle reçoit la Superbe, puis celle-ci jusqu'à Pleurs où elle reçoit la Maurienne, on arrive, en fin de compte, en remontant ce dernier cours d'eau, au-dessus de Sémoine, à un faible ravinement sur le flanc du coteau. Celui-ci est parfaitement sec la plupart du temps et cependant, lorsqu'il pleut, l'eau y ruisselle et il s'y fait une miniature de ruisselet, dont le « lit » est même signalé au regard par un petit ruban de tout petits cailloux parfaitement lavés.

Si nous avons pris cette localité-là au prix d'un voyage relativement compliqué, c'est qu'elle a été signalée précisément comme un point où une vallée ordinaire est en voie de formation, c'est-à-dire où les phénomènes de capture des rivières[1] sont en voie très évidente d'accomplissement. Ce petit sillon, bordé de berges très peu surélevées, a bientôt fait, comme on le conçoit, d'appeler à lui et de dériver vers l'aval le peu de pluie qui imprègne son étroit bassin d'alimentation. Mais si, revenant sur nos pas, nous en redescendons le cours, nous ne tarderons pas à parvenir à des endroits où le drainage des berges demandera, non plus quelques minutes, mais une heure, puis plusieurs heures, puis plusieurs jours, parce que la surface du sol qui alimente le petit cours d'eau devient de plus en plus grande et la masse du terrain qui le surplombe de plus en plus épaisse. Le passage se fera sans aucune interruption : c'est par

1 La capture des rivières consiste dans la communication qui peut s'établir entre l'origine d'un affluent d'une rivière donnée avec un point quelconque du cours d'un affluent d'une rivière voisine. Ce phénomène a pour résultat de dérober à cette dernière, au profit de la première, de l'eau qui lui était destinée.

la transition la plus insensible que nous arriverons au confluent de la Maurienne avec la Superbe, puis au confluent de la Superbe avec l'Aube, puis au confluent de l'Aube avec la Seine. Et comme le phénomène de la régression des cours d'eau, qui détermine en particulier les captures, est des plus incontestables, on conclut de tout ceci que le réseau des vallées, des vallons et des ravinements, même les plus petits d'un bassin hydrographique qui prend si exactement sur la carte l'aspect d'une branche végétale pressée dans un herbier, jouit d'un mode de croissance cantonné à l'extrémité de chacun de ses rameaux et qui ressemble singulièrement à la poussée des plantes.

On voit aussi que les filets d'eau ne sont pas seulement causés par la collection, dans un sillon, de l'eau de pluie qui a ruisselé sur la surface géométrique du sol, mais (pour une part variable d'un point à l'autre) par la réunion à cette *eau sauvage* du liquide qui a pénétré dans la terre et qui en ressort sur le flanc des dépressions. Il faudra revenir sur ce fait capital.

Une autre conséquence des observations que nous venons de faire est que les vallées de tous les ordres, dans des pays construits comme le bassin de la Seine, sont avant tout l'œuvre de la pluie. C'est seulement quand les sillons pluviaires, dont nous notions les débuts sur les allées des jardins, ont atteint une dimension suffisante, à la suite de pluies successives suffisamment nombreuses, que le filet d'eau de ruissellement et de dégorgement persistant pendant un temps supérieur à l'intervalle entre les averses donne lieu enfin à un ruisseau ou à une rivière.

Enfin, et c'est la dernière conclusion de l'ensemble des faits résumés ci-dessus, la rivière n'est qu'un élément linéaire d'une surface aqueuse ou nappe existant dans le sol à une profondeur peu considérable, mais variable, et qui est alimentée exclusivement par la pluie. Cette surface aqueuse donne naissance aux sources sur les flancs des coteaux et au fond des vallées, et l'on sent par-là qu'elle se signale par son état de circulation continue.

Toutefois, pour comprendre complètement son régime, il importe de remarquer encore qu'elle prend des caractères particuliers selon les qualités minéralogiques de la couche du sol qu'elle imprègne, de sorte qu'il est incontestablement légitime de faire de son étude un chapitre de la géologie.

Section IV

Relativement à leur allure à l'égard de la pluie, les roches qui constituent la surface du sol dans le bassin hydrologique de la Seine se rapportent à deux catégories principales. Les unes sont pratiquement étanches et l'eau ruisselle à leur surface sans les pénétrer ; les autres sont perméables, c'est-à-dire pénétrables à la pluie qui s'y infiltre plus ou moins rapidement.

L'association de ces deux catégories de sols est un caractère de la région parisienne dont elle explique les détails géographiques les plus importants : par exemple, l'inégale distribution des cours d'eau et leurs diverses allures dans les régions des deux catégories. Sur les sols imperméables, comme dans le Morvan ou dans ce qu'on appelle la Champagne humide, les rivières sont peu importantes, mais très nombreuses, tandis qu'en Brie et en Vexin, elles sont volumineuses, mais écartées les unes des autres. Le contraste sur la carte géographique saute aux yeux.

Si le pays imperméable est peu incliné, la pluie reste stagnante à sa surface, à l'état de boue ; mais dès que l'inclinaison est sensible, l'eau ruisselle avec une vitesse accélérée et détermine des ravinements de plus en plus accusés. Selon les cas, elle va immédiatement se concentrer vers le thalweg, ou bien elle rencontre des zones perméables qui l'absorbent en tout ou en partie.

Le pays est-il perméable, les choses sont plus compliquées, et leur examen nous procure des données intéressantes. Pour les comprendre, il faut rappeler que ces terrains perméables n'ont pas une épaisseur indéfinie et qu'ils reposent toujours sur une assise étanche, située plus ou moins bas. Aussi la pluie infiltrée tend-elle à descendre, soit par les pores des roches, soit par les fissures qui les traversent et elle vient s'arrêter sur le support infranchissable pour y constituer une nappe souterraine ou *niveau d'eau*. Un bon exemple de cette disposition générale peut être fourni par le plateau de Briey (Meurthe-et-Moselle) où le calcaire perméable du terrain dit oolithique repose sur les argiles étanches du lias.

Les habitants, d'ailleurs assez rares, de ce plateau, sont contraints parfois de creuser des puits de très grande profondeur pour aller rechercher le niveau aqueux.

Dans quelques pays, les accidents de la surface du sol permettent de pénétrer vraiment dans l'anatomie de ces localités hydrologiques dont la notion va nous être si utile pour la suite, et, à cet égard, je ne connais pas de localité plus frappante que le pied du cap Blanc-Nez, un peu à l'ouest de Calais. La muraille à pic, entaillée par la mer, a mis à jour, à portée de nos yeux, la ligne horizontale du contact d'une roche perméable, la craie blanche, avec une roche étanche, la craie marneuse, à laquelle elle est superposée. Cette dernière arrête la descente des infiltrations de la craie blanche et supporte un niveau d'eau. Et c'est pourquoi l'excursionniste qui, à marée, basse, foule les galets sous le cap, voit, vers le milieu de sa hauteur, d'innombrables écoulements aqueux tous alignés sur le même point, qui alimente une espèce de rideau liquide tendu le long de la falaise.

Nous pourrions, en retournant dans le pays de Briey, revoir les mêmes circonstances, mais sous une autre forme, pour la nappe aqueuse alimentant les puits mentionnés tout à l'heure. En effet, le grand plateau privé d'eau est entaillé de vallées parfois assez profondes pour parvenir plus bas que l'horizon aquifère. Descend-on les pentes de ces vallées, on est fort surpris d'y rencontrer des villages, comme Liverdun, perchés à flanc de coteau sous les escarpements calcaires de l'oolithe et à plus de 60 mètres au-dessus du fond étanche de la vallée. Ils jalonnent les sources soutenues par le lias et signalent en même temps le niveau de tout à l'heure.

Le fait que, dans ce cas, le niveau n'apparaît pas sous la forme d'un écoulement en nappe continue, mais à l'état de sources distinctes, est lui-même intéressant pour notre sujet, car il tient à la reproduction souterraine des conditions qui signalaient précédemment le travail superficiel de la pluie. Il est dû à ce que l'eau d'infiltration, en arrivant sur le substratum étanche, y circule en petits filets qui, modifiant peu à peu la forme du contact, y tracent un réseau de petits sillons s'anastomosant de façon à venir déboucher au dehors, sur le flanc du coteau, à peu près comme les fleuves débouchent dans la mer. Nous n'avons qu'à y gagner, l'eau s'accumulant en des points qui prennent dès lors une valeur économique et industrielle spéciale.

Il va de soi que le niveau souterrain du sol perméable est, pour ainsi dire, en compte courant avec l'extérieur, recevant les contributions pluviaires et dépensant les ruissellements sourciers. L'économie du phénomène complet comprend d'infinies particularités dont nous citerons seulement les principales.

Section V

Un niveau d'eau étant établi comme nous venons de le définir, on peut concevoir le sol perméable comme étant composé normalement de trois régions superposées : tout au fond, la roche gorgée d'eau, c'est-à-dire dont les interstices, les pores ou les fissures, sont noyés ; plus haut, une roche dont l'humidité va en diminuant, à mesure qu'on s'élève dans la masse ; enfin, à la surface, une épaisseur plus ou moins notable humidifiée par le contact de l'atmosphère et des eaux qu'elle fournit.

L'état hygrométrique de cette partie superficielle varie dans de larges limites d'un moment à l'autre : par le temps humide, elle s'imprègne en appelant à elle l'eau qui la mouille par en haut ; en temps de sécheresse, elle se dessèche par évaporation et par rappel de bas en haut du liquide infiltré. Ce balancement est accentué encore par les incidents de la végétation poussant sur la roche considérée, et nous reviendrons tout à l'heure sur ce point d'importance maîtresse.

Supposons maintenant qu'il vienne à pleuvoir : une partie de l'eau tombée entre dans la terre et constitue une sorte de niveau différant surtout du niveau inférieur en ce qu'il n'est pas soutenu. Aussi, nous le figurons-nous nécessairement comme descendant progressivement en gardant plus ou moins sa forme de strate mouillée, au moins si le terrain est bien homogène comme serait une couche épaisse de sable. Descendant ainsi, ce tribut des nuages peut constituer, dans l'épaisseur de la masse poreuse, une zone particulière. Peu à peu elle ira alimenter le niveau de fond, mais elle pourra en certains cas être arrêtée, dans sa descente, par une grande sécheresse des régions hautes qui la ferait remonter par capillarité. D'autres fois, elle sera suivie, à distance plus ou moins grande, par le produit d'une autre averse et, dans la plupart des cas, on peut s'imaginer l'hygrométrie de la roche perméable comme étant très variable suivant les niveaux.

Pour qu'il n'y ait pas de doute dans l'esprit du lecteur sur cet état actif de la profondeur au sujet de l'alimentation en eau de pluie, nous citerons les effets constatés en certains pays perméables dont la surface très accidentée est verticalement peu distante du sous-sol étanche.

La condition est réalisée au maximum dans la Champagne pouilleuse, construite géologiquement comme le cap Blanc-Nez. On y est encore sur la craie blanche reposant sur la craie marneuse et celle-ci y supporte naturellement un niveau d'eau. Or, suivant l'intensité et la durée des pluies, ce niveau acquiert une épaisseur plus ou moins grande, et il arrive que sa limite supérieure vient affleurer le fond de ces sillons constitués alors en marais tourbeux, assez fréquents et assez étendus (2 173 hectares) pour avoir contribué aux difficultés de la dérivation de la Vanne.

En somme, le terrain perméable nous apparaît comme un réservoir d'eau : c'est la pluie qui l'entretient, conformément à l'opinion déjà exprimée si nettement en 1580 par Bernard Palissy, dans ses *Discours admirables de la nature des eaux et fonteines tant naturelles qu'artificielles* (1 vol. in-18 chez Martin le Jeune, à l'enseigne du Serpent, devant le Collège de Cambray).

« Quand, dit-il (p. 34), i'ay eu, bien longtemps et de près, considéré la cause des sources des fonteines naturelles et le lieu de là où elles pouvoyent sortir, enfin i'ay conneu directement qu'elles ne procédoyent et n'estoyent engendrées sinon des pluyes. » « Voilà (ajoute-t-il) qui m'a meu d'entreprendre de faire des recueils de pluyes, à l'imitation et le plus près approchans de la nature qu'il sera possible, et ensuyvant le formulaire du fontenier, ie me tiens tout asseuré que ie pourray faire des fonteines desquelles l'eau sera autant bonne, pure et nette que de celles qui sont naturelles. » Palissy continue (page 37) : « Et s'il estoit suyvant l'opinion des philosophes que les sources des fonteines vinssent de la mer, il faudrait nécessairement que les eaux fussent salées, comme celles de la mer, et qui plus est, il faudrait que la mer fust plus haute que non les plus hautes montaignes, ce qui n'est pas. » Et page 42 : « Les eaux des pluyes qui tombent en hiver, remontent en esté pour retourner encores en hyver et les eaux et réverbérations du soleil et la siccité des vents frappans contre terre fait eslever grande quantité d'eau ; laquelle estant rassemblée en l'acr et formée en nuées, sont parties d'un costé et d'autres comme héraux de Dieu. Et les vents, poussant les dit tes vapeurs, les eaux retombent par toutes les parties de la terre et quand il plaît à Dieu que ces nuées (qui ne sont autre chose qu'un amas d'eau) se viennent à dissoudre, les dittes vapeurs sont converties en pluyes qui tombent sur la terre. »

De l'intuition d'un homme de génie, passons à l'observation moderne et ajoutons-y un peu de statistique.

C'est du premier janvier 1689 que datent les observations régulières sur les chutes de pluie : Philippe de La Hire les commença et les poursuivit jusqu'en 1719. L'instrument dont on se servait était un récipient placé à l'Observatoire de Paris, au niveau de la grande salle de la méridienne, dans la tour orientale alors découverte. Maraldi et Fouchy succédèrent à La Hire pour ces études, dont les résultats furent publiés jusqu'en 1755, après quoi, il y eut interruption jusqu'en 1805. En 1817, on disposa à l'Observatoire deux récipients situés, l'un sur le sommet de l'édifice, l'autre dans la cour. Au moyen de ces *pluviomètres*, on évalue la hauteur de l'eau dont le sol serait recouvert, s'il n'y avait ni infiltration ni évaporation.

Des appareils semblables sont établis dans tous les pays du monde. On peut grâce à eux se faire une idée assez juste de la quantité de pluie déversée par l'atmosphère, quoiqu'il ne s'agisse que de ces approximations que l'on appelle des moyennes. Ainsi d'après John Murray, le volume de l'eau tombée en une année sur toute la planète serait de 111 800 kilomètres cubes, soit un poids de 111 800 milliards de tonnes. Cette quantité d'eau pourrait former sur le globe entier une couche de 970 millimètres.

Mais la contribution à ce total des différents pays est extrêmement inégale. Il en est où il ne pleut pour ainsi dire jamais. L'endroit le plus sec du monde se trouverait au Pérou, par 5° de latitude Sud, où l'on compte ordinairement, entre deux averses un intervalle de sept ans. Les pays tropicaux donnent les pluies les plus abondantes. Mais nos climats ont quelquefois des averses exceptionnelles, qui se traduisent par des chiffres vraiment prodigieux. Ainsi, d'après Arago, il tomba en vingt-quatre heures, dans la ville de Joyeuse (Ardèche), le 9 octobre 1827, sept cent quatre-vingt-douze millimètres d'eau. « J'écris le résultat en toutes lettres, dit l'illustre savant, afin qu'on ne croie pas à une faute d'impression. » Le 25 octobre 1822, il tomba à Gênes, en un seul jour 810 millimètres d'eau. Ce n'est pas très loin des plus grandes hauteurs tropicales, par exemple de celle de 890 millimètres relevée en vingt-quatre heures à Purneah et de celle de 960 millimètres, pour Ceylan, le 16 décembre 1897.

Les pluies annuelles représentent une hauteur moyenne de 1 670 millimètres dans l'Amérique du Sud ; de 825 millimètres en Afrique ; de 730 millimètres dans l'Amérique du Nord ; de 655 millimètres en Asie ; de 615 millimètres en Europe ; de 520 millimètres en Australie.

Et dans ces continents, la répartition est fort variable d'une contrée à l'autre. Ainsi, avec la moyenne européenne de 615 millimètres, il tombe 2 mètres d'eau en Norvège et 2m, 80 en Ecosse. On a 4m, 60 à la Vera Cruz (Mexique), 5m, 20 à Buitenzorg (Indes Néerlandaises), 7m, 10 à Maranhao (Brésil), 12m, 50 à Cherrapunji (Indes anglaises).

La moyenne annuelle de la pluie tombée à Paris est de 555 millimètres.

On a calculé ce qu'une violente averse de la région parisienne peut fournir d'eau ; 500 litres par seconde et par hectare, et l'on n'en a pas observé qui se soit jamais prolongée avec cette force au-delà de huit minutes.

Section VI

C'est la pluie qui reparaît dans le lit des rivières, après une circulation non seulement superficielle mais encore souterraine et, dans ce cas, pouvant être bien plus lente qu'on ne se l'imaginerait tout d'abord. Un exemple saisissant, parce qu'il est très simple, est fourni par les longues études dont a été l'objet la célèbre source de Vaucluse, qualifiée de *nobilis* par Pline l'Ancien et que Pétrarque a célébrée. Cette magnifique sortie d'eau, si puissante qu'elle peut à son émergence faire marcher des séries d'usines et de moulins, est le retour au jour de la pluie tombée sur la partie des causses qui la dominent et dont la paroi abrupte haute de 200 mètres, et barrant toute issue au voyageur, a valu au pays le nom qu'il porte (*Vallis Clausa*). On a depuis bien des années établi des pluviomètres sur le vaste plateau de la Montagne de Lure et un ingénieur local, M. Marius Bouvier, a montré le parallélisme de leurs indications avec celles que procure, au moyen du *sorguomètre* de Reboul, la mesure du volume de la source pendant le même temps. Le plateau est criblé de gouffres, dits *avens* ou *tindouls*, dans lesquels la pluie a toute facilité de pénétrer et dont on raconte encore qu'un berger, y ayant jadis perdu pied, la fontaine de Vaucluse, quelque temps après, rejeta le bâton du malheureux. Après les explorations qui ont été faites de certains avens, on peut dire qu'on a suivi sous terre la piste de l'eau infiltrée.

Il peut y avoir de semblables gouffres jusque dans le lit des rivières, et il en résulte des pertes d'eaux qui réapparaissent plus ou moins loin. C'est ainsi que le joli lac qui constitue l'origine du Loiret, au château de la Source, n'est que la résurgence d'une perte de la Loire constatée auprès du village de Bouteille. Lors d'un incendie qui, en 1901, détruisit à Pontarlier une grande distillerie, un millier de litres de liqueurs alcooliques s'écoulèrent dans le Doubs : deux jours plus tard, la grotte bien connue d'où sort la Loue se remplit de l'odeur de l'absinthe.

Dans la vallée de la Seine, les conditions de la circulation souterraine des eaux sont un peu différentes : on n'y voit point d'avens, mais seulement des calcaires abondamment fissurés comme la craie et où le passage des filets aqueux peut être rapide. Le plus souvent, les pertuis sont donc très étroits et même tout à fait capillaires, ce qui d'ailleurs est une bonne condition au point de vue pratique, en déterminant des filtrations dont les eaux ont à bénéficier.

Il faut en outre remarquer qu'une rivière comme la Seine, ou comme n'importe lequel de ses affluents, diffère de la Sorgue en ce qu'elle n'est pas l'arrivée au jour d'un cours d'eau tout formé, existant déjà dans des régions souterraines. C'est, comme nous venons de le voir, le résultat de la collection des eaux sauvages lui arrivant pour la plus grande part à l'état de filets aussi nombreux que peu volumineux, et sous la forme d'une nappe imprégnant les masses perméables de la surface.

Il est d'expérience commune que le sol d'une vallée, comme celles de la Seine, de la Marne, de l'Aube, etc., est propre à la construction de puits. L'ancien Paris se désaltérait surtout à l'aide des milliers de puits dont le sol de ses parties basses était criblé. Il importe beaucoup de préciser les rapports de la rivière avec cette nappe qui déjà nous a arrêtés un moment.

On la qualifie souvent de *nappe adjacente aux rivières*, mais l'expression est mauvaise, en donnant l'idée, fausse comme nous le savons, qu'elle est alimentée par la rivière, alors que c'est elle qui se déverse dans celle-ci. Il y a toutefois à distinguer entre les moments, et la chose est d'autant plus intéressante qu'elle a de très directs contre-coups au point de vue de l'hygiène.

Fréquemment, une population s'émeut, parce que des substances malsaines ont été déversées dans les rivières : elle en conclut que la nappe des puits risque fort d'être contaminée. Cela, en effet, arrive quelquefois et spécialement quand le point considéré reçoit les produits d'une crue partielle affectant la région d'amont. Il peut alors se déclarer des refoulements de la nappe et par conséquent se réaliser le transport dans les puits des matériaux en dissolution dans le lit. Dans certaines circonstances, on constate un mouvement de balancement dans les deux sens : la nappe allant parfois se déverser dans la rivière et la rivière pouvant à d'autres moments refouler la nappe.

Ce dernier cas est toutefois le plus rare : en général, conformément à nos résultats précédents, c'est l'autre qui se réalise. La lumière a été faite sur ce sujet de la manière la plus complète par une expérience de Belgrand à Port-à-l'Anglais, tout près de Paris. Il y ouvrit un puits de 9 mètres de profondeur, à 95 mètres de distance de la Seine, et constata que le niveau s'y établit à 0m, 50 en *contre-haut* du plan d'eau du fleuve. Au moyen d'épuisements par pompe et machine à vapeur, il descendit le niveau dans le puits à 1 mètre en *contre-bas* et l'y maintint *pendant dix-sept jours consécutifs*. Des échantillons d'eau prélevés en même temps dans le puits et dans la Seine montrèrent que l'eau de Seine étant à la température de 7°, 50 et son degré hydrotimétrique mesurant 19°, 58, la température de l'eau du puits était à 12° et son hydrotimétrie à 45°, 33. Belgrand en conclut que « le puits ne recevait pas une goutte d'eau de Seine. »

Rien n'est plus intéressant que le conflit véritable qui, dans certaines occasions, s'établit entre l'eau de la nappe et celle de la rivière et tout spécialement lors des inondations. Parfois il peut masquer la signification véritable des phénomènes.

« Souvent, dit Daubrée (*Description géologique du Bas-Rhin*, p. 345), le volume du Rhin augmente beaucoup parce qu'il y a eu des fontes de neige ou des pluies dans le haut de son bassin, sans qu'il soit tombé d'eau dans la partie moyenne du fleuve. Dans cette partie moyenne, le niveau de la nappe d'eau souterraine s'élève néanmoins, d'abord près de la rivière, puis l'élévation de niveau gagne de proche en proche : *ce qui ne peut résulter que de ce que le fleuve, en s'élevant, s'infiltre latéralement dans le gravier voisin.* » Eh bien ! cette explication ne paraît pas si évidente, car il suffit que l'eau gonflée du fleuve oppose un obstacle à l'écoulement de la nappe latérale pour que celle-ci subisse elle-même une crue consécutive à la première. La preuve en est dans le rôle de régulateur que Daubrée lui-même attribue à cette nappe en cas de sécheresse, alors qu'elle se déverse bien évidemment dans le cours d'eau et relève son niveau. C'est simplement qu'alors son action n'est plus masquée par la rivière, réduite à des dimensions plus modestes.

Il se passe en somme dans les graviers qui bordent les rivières les mêmes actions qu'on observe à l'égard de la nappe d'eau douce que renferment fréquemment les dunes et qui s'écoule dans la mer. Malgré les alternances des marées, qui peuvent être comparées à des inondations périodiques, l'eau salée ne pénètre pas dans les dunes. Elle est constamment repoussée par l'afflux d'eau douce qui se dirige vers la mer.

Le phénomène arrive au maximum par la tempête. Arago raconte celle du 19 novembre 1824 qui, soufflant dans la direction du cours de la Neva, « empêcha d'une part l'eau du fleuve de s'écouler, et de l'autre éleva tellement le niveau de la Baltique sur toute sa côte orientale qu'il en résulta d'épouvantables inondations. A Cronstadt, ce changement de niveau entre 10 heures du matin et 3 heures de l'après-midi, fut de 3m, 70 ; une grande portion des remparts a été détruite. A Pétersbourg l'eau s'éleva à la hauteur de 1m, 60 dans les rues les plus reculées. Un quartier peuplé avant l'événement par plus de quarante mille personnes devint un vaste désert. Quelques relations particulières portent à huit ou dix mille le nombre des individus dont cette catastrophe a occasionné la mort. D'après le rapport du ministre de l'Intérieur, il ne se serait noyé que cinq cents personnes. »

Dans la berge des rivières, il y a rencontre d'eau limoneuse contenue dans le lit et d'eau filtrée contenue dans le sable. Pas plus que le sel des dunes, le limon, même très fin, ne pénètre dans le sable ; il enduit le gravier dans l'eau courante, mais il ne vient jamais salir la nappe souterraine.

D'ailleurs, tout le monde a constaté que l'eau de la nappe s'écoule parallèlement à la rivière, quoique avec une vitesse bien moindre, causée par l'étroitesse des pertuis qui lui livrent passage. Tout cela revient à dire, nous le répétons, que la rivière est comme un élément linéaire de la nappe qui tapisse toute la vallée : son élément linéaire le plus rapide et où la rapidité de l'eau ne permettant pas la persistance des limons, les matériaux lourds (sables et graviers) sont concentrés.

Nous emprunterons encore à Daubrée la mention d'un fait qui montre nettement l'écoulement de la nappe vers la rivière : une infiltration d'eau chaude à partir d'un puits où affluait de l'eau provenant d'une machine à vapeur, permit de reconnaître à Haguenau un courant souterrain partant de la filature et qu'on a suivi, à l'aide du thermomètre, dans une direction oblique vers le bord de la Moder.

Section VII

Il ne peut maintenant subsister aucun doute sur l'allure générale de la circulation de la nappe. La signification de celle-ci va Résulter, de la manière la plus complète, du résumé qu'il convient de faire à présent du mécanisme des crues.

Il est bien vraisemblable qu'elles ne résultent pas exactement des mêmes réactions dans tous les cas ; les diverses catégories de circonstances énumérées plus haut peuvent intervenir de façons très diverses. Par exemple, il est certains cours d'eau pour lesquels l'inondation, fréquente et même désastreuse, est un caractère essentiel et normal : on les qualifie de torrents et ils se rencontrent dans des pays fortement accidentés, dont le sol est étanche ou peu perméable. Leur lit est ordinairement à sec, rempli de grosses roches arrondies, associées sans aucun classement avec des galets de toutes les tailles, des graviers et des sables de tous calibres et même avec des limons accumulés çà et là. Tout à coup, à la suite d'une pluie d'orage ou d'un adoucissement très notable de la température, ils se précipitent des sommets avec un bruit de tonnerre, brisant sur leur passage les arbres et les constructions, et viennent étaler à leur embouchure un vrai delta très large et très surbaissé de matériaux charriés. Ces cours d'eau sont un détail obligé de la physiologie de la montagne et, malgré les catastrophes dont ils sont prodigues, leurs points d'épanchement sont habités bien souvent par des cultivateurs, attirés par l'extraordinaire fertilité de leur sol hétérogène.

Parmi les explications proposées des crues subites des torrents et de la violence de leur allure, il en est de bien ingénieuses et qui frappent par leur caractère imprévu. Du nombre, est certainement celle qui a été émise, il y a une trentaine d'années, comme conséquence de ses travaux de physique moléculaire, par M. Van der Mensbrughe, professeur à l'Université de Louvain. Tout le monde sait que la couche superficielle des liquides jouit de propriétés très différentes de celles des portions internes. Une tension spéciale y règne, qui se manifeste avec son maximum dans les lames dont les bulles de savon nous offrent l'exemple le plus répandu. Selon le physicien belge, chaque fois qu'une masse liquide change de forme de façon à diminuer de surface, une quantité correspondante d'énergie potentielle est transformée en énergie cinétique.

Par exemple, la disparition de 1 mètre carré de surface libre amène le développement d'une énergie cinétique capable de donner, à une couche de 1/20 000 de millimètre d'épaisseur, une vitesse de 54m, 20 par seconde. Si la couche d'eau considérée avait 1 millimètre seulement d'épaisseur, elle contiendrait 20 000 tranches semblables à la précédente, capables d'effectuer ensemble, par mètre carré, un travail total de 150 kilogrammètres. Appliquant ces résultats du calcul à l'interprétation des faits naturels, l'auteur conclut que, lorsque plusieurs cours d'eau se déversent dans un seul et même bassin, il se perd un nombre extrêmement considérable de mètres carrés de surface libre et à chaque annulation de 1 mètre carré de surface libre, correspond une quantité notable d'énergie de mouvement. De là, naissance du régime torrentiel des cours d'eau. « Le torrent, dit-il, se précipite vers la vallée ; mais, dans cette course furieuse, les couches superficielles sont culbutées les unes au-dessus des autres et, chose étonnante, elles acquièrent plus de force à mesure qu'elles perdent leurs armes, c'est-à-dire leur énergie virtuelle. Rencontrent-elles un obstacle sur leur passage, aussitôt les couches se superposent avec une effrayante rapidité ; elles écument de fureur devant la barrière et bien souvent finissent par emporter celle-ci dans l'abîme. La transformation de l'énergie virtuelle en énergie cinétique dans les grandes masses d'eau qui descendent subitement des montagnes ne serait-elle pas l'une des causes des ravages qu'elles exercent et qui semblent devenir d'autant plus désastreux qu'elles ont à vaincre plus d'obstacles sur leur trajet ? »

Après avoir décrit d'une manière si énergique les effets des torrents, M. Van der Mensbrughe assure en pouvoir conjurer les périls. Il suffit, suivant lui, de disposer, à demeure dans le voisinage des sources et en amont des confluents, de grands sacs en toile goudronnée contenant de l'étoupe imprégnée de pétrole ou d'une autre matière huileuse : celle-ci, s'étendant sur l'eau, la prive de sa surface libre, cause de tout le mal, et c'est en définitive une forme du *filage de l'huile*, si préconisé contre les dangers de la tempête en mer.

Les dispositions qui déterminent les vraies inondations cataclysmiennes des torrents sont simplement atténuées dans le cas de certaines rivières qui, comme l'Yonne dans une partie de son cours, se meuvent sur un fond rocheux imperméable. Il ne lui manque qu'une pente suffisamment forte pour avoir un régime nettement torrentiel ; mais si elle n'a pas la vitesse, elle a la rapidité de réplique vis-à-vis de la pluie. C'est pour cela que les crues de l'Yonne sont annoncées par les variations des petits cours d'eau torrentiels affluents de cette rivière, la Haute-Yonne à Clamecy, le Cousin à Avallon et l'Armançon à Aisy.

Mais quand il s'agit des cours d'eau des pays perméables, comme l'Aube ou la Marne, les choses se présentent tout autrement et on peut assister à des manières d'être extrêmement différentes en apparence, qu'une étude attentive vient toutefois éclaircir. On constate, en effet, que le plus ordinairement ; et contrairement aux faits auxquels nous venons d'assister, les pluies même très fortes n'ont pas de contre-coup, au moins immédiat, quant au volume de la rivière. On a même noté la persistance de la baisse pendant des périodes de pluie. Les faits résumés plus haut nous donnent directement la raison de vicissitudes de ce genre. En effet, par leur nature, les terrains perméables sont appelés à absorber non seulement l'eau sauvage qui tombe à leur surface sous forme de pluie, mais encore celle qui peut leur être amenée par le ruissellement des régions étanches situées en contre-haut. Nous avons vu ces contributions, même volumineuses, donner lieu à une zone mouillée qui, descendant lentement au travers du terrain, s'achemine vers le niveau d'eau sous-jacent avec lequel elle se conjugue plus ou moins vite. Les sources alimentées par ce niveau d'eau pourront subir, après un laps de temps parfois très long, un accroissement qui ne prendra point le caractère désastreux de l'inondation proprement dite.

Mais si les chutes d'eau se succèdent en assez grand nombre pour apporter à la nappe, même par petits paquets, des contributions suffisantes pour lui donner à la longue toute l'épaisseur de la couche perméable à laquelle elle est subordonnée, celle-ci se trouve « saturée, » selon l'expression admise, et alors toutes les conditions précédentes sont absolument modifiées. A partir de ce moment, le terrain considéré change de caractère : de perméable qu'il était, il devient étanche par excès d'humidité. Ses pères ou ses fissures étant gorgés d'eau, il oppose à la pluie un obstacle aussi insurmontable que le ferait un lit continu de l'argile la plus serrée.

Dès lors, tout ce qui tombera des nuages à sa surface y ruissellera et, pendant que le sol aura subi la transformation qu'on vient de dire, le régime de la rivière, de son côté, se métamorphosera et deviendra torrentiel.

Pendant la soirée du 28 janvier 1910, la Seine, au pont des Saints-Pères, faisait, dans le silence de la nuit, un bruit comparable à celui des torrents des Alpes ou du Jura, de l'Arve ou de l'Areuse.

Naturellement, une fonte subite de neige sur ce terrain saturé d'eau déterminera exactement les mêmes effets que la pluie. Il est presque inutile d'ajouter que des travaux inconsidérés peuvent, en changeant l'état de la surface du sol, provoquer le déchaînement d'inondations qui n'avaient point lieu auparavant. Sur les flancs des montagnes, le déboisement a maintes fois déterminé l'installation du régime torrentiel en supprimant les obstacles matériels que les arbres opposaient à l'écoulement trop rapide des eaux. « Si les plateaux situés de chaque côté du Milleron (affluent du Loing), dit A. Becquerel, eussent été boisés, les 22 et 23 septembre 1866, il serait tombé sur le sol les six dixièmes de l'eau qu'il a reçue ; cette eau eût été arrêtée continuellement dans sa marche par mille obstacles, et l'inondation eût été beaucoup moins forte, si elle eût eu lieu. »

Le désastre est souvent d'autant plus grave qu'il se complique de l'entraînement de la terre végétale et de la mise à nu de rochers nécessairement stériles. Cette remarque, que tout le monde a pu faire, suffit pour montrer qu'on est allé un peu vite, — parce qu'on ne voyait qu'un côté d'une question qui est très complexe, — en affirmant que le déboisement ou le boisement des terrains imperméables n'a pas grande importance, parce que, pendant le ruissellement, les végétaux n'ont pas le temps d'absorber l'eau qui tombe. On a oublié que, dans ce cas, ils agissent simplement comme le feraient des piquets enfoncés dans la terre végétale et la clouant pour ainsi dire au sous-sol. En outre, des faits indiscutables démontrent que le développement de la végétation est un obstacle opposé à l'exubérance des rivières. D'après les calculs de M. Houiller, le débit de la Somme est tombé, dans le cours du XIXe siècle, de 35 mètres cubes par seconde à 27, bien que le régime des pluies se soit maintenu sans variation. La cause d'un changement si manifeste est tout entière dans le grand développement des cultures intensives : il y a cent ans, la surface du sol était en majeure partie abandonnée à la jachère qui consommait peu d'eau ; l'humidité absorbée par le supplément de rendement agricole correspond presque exactement à la réduction observée.

Un autre exemple de l'efficacité de la végétation comme antagoniste des crues nous vient, par l'intermédiaire de M. Gunisset-Carnot qui l'a relaté dans *La Nature*, de la gracieuse rivière bourguignonne qui baigne Semur et Tonnerre et qu'on appelle l'Armançon. A mesure que la culture des céréales, de moins en moins rémunératrice, a été remplacée par les grasses prairies et que l'élevage est de plus en plus florissant, le régime de ce cours d'eau a subi une profonde métamorphose. Autrefois des ponts permettaient seuls de le franchir à pied sec ; aujourd'hui, un enfant peut sauter d'un bord à l'autre et il y a beau temps que le pêcheur, dont l'épervier était souvent bien garni, a renoncé à son métier. La pluie, retenue maintenant par le feutrage des racines et évaporée par les feuilles, vertes toute l'année, des pâturages, ne s'en va plus à la rivière.

Section VIII

On a proposé un grand nombre de moyens pour prévenir les inondations et plusieurs peuvent se déduire des faits précédemment exposés. Pour le bassin de la Seine, comme pour bien d'autres régions, ils se répartissent en deux séries, nettement distinctes, selon qu'elles ont pour objectif d'empêcher la saturation des terres perméables ou bien de retenir, dans les points hauts, les eaux épanchées pour les dépenser ensuite à loisir.

La saturation peut être combattue en favorisant les décharges de la couche considérée, par sa région inférieure. Dans bien des cas, les sources qu'alimente la nappe décrite précédemment peuvent être élargies et rendues plus actives grâce à des aménagements convenables. A l'aide de vannes, on arrive à régler la dépense dans une certaine mesure. Parfois une tranchée tracée suivant le pied d'un coteau détermine dans son économie hydrographique un appauvrissement considérable : on trouverait des exemples de semblables travaux dont on a regretté les conséquences desséchantes. J'ai eu pour ma part l'occasion, il y a peu d'années, d'en voir un exemple remarquable en Seine-et-Marne. Une population de maraîchers, cultivant depuis des siècles avec profit la surface d'un plateau, a eu sa condition tout à fait compromise à la suite de la diminution de la nappe renfermée dans le sol, appelée qu'elle était à un écoulement nouveau par l'ouverture d'un canal en contre-bas. La zone perméable paraissait mise désormais à l'abri de la saturation par la pluie. Pratiquées dans une sage mesure et non avec l'excès réalisé ici, les rigoles d'assèchement peuvent amener au contraire un résultat tout à fait favorable.

Mais la saturation peut être conjurée aussi par le développement de l'évaporation superficielle du sol, conformément aux données générales que nous résumions en la décrivant. Ici le moyen qui se présente le premier est l'augmentation de l'activité végétale. Tout le monde sait, en effet, que les racines des plantes vont chercher sous terre les masses d'eau nécessaires à leur vie, et que ce liquide, transporté dans les feuilles par les vaisseaux du liber, s'y exhale pour enrichir la sève élaborée, ce véritable sang botanique. Des expériences innombrables ont montré que l'évaporation ainsi produite est gigantesque. Et qui n'a pas constaté *de visu* la rapidité avec laquelle un bouquet feuillu dessèche le vase dans lequel on l'a placé ?

Aussi, dans les pays construits comme le bassin hydrographique de la Seine, n'y a-t-il pour ainsi dire point d'inondations d'été.

Il est beaucoup de circonstances où ces mesures étant d'une application difficile, on doit prévenir les inondations en retenant les eaux dans les points hauts au moyen de dérivations. Par exemple, on peut, par une sorte de débordement artificiel, épancher un affluent gonflé dans des prairies convenablement situées.

Becquerel, dans le travail déjà cité, pensait qu'on a augmenté la quantité d'eau qui s'écoule vers les vallées en supprimant, à la fin du XVIIIe siècle, la plus grande partie des innombrables étangs qui couvraient jadis le sol de la France. Ces étangs recueillaient les eaux des terres environnantes et les tenaient emmagasinées, de sorte qu'elles ne concouraient pas aux inondations comme aujourd'hui.

On sait que les anciens étaient passés maîtres dans l'art d'aménager, dans le haut des vallées, des approvisionnements aqueux qu'ils dépensaient intelligemment lors de la période sèche de l'année. On voit encore en Tunisie les restes des immenses citernes d'où s'épanchait l'abondance dans les régions placées plus bas. Nos ingénieurs ont repris dans une certaine mesure ces pratiques antiques et le lac des Settons en Bourgogne est un exemple à côté duquel on pourrait en citer beaucoup d'autres.

Section IX

Il resterait enfin un dernier point à traiter : la lutte contre l'inondation une fois déclarée. C'est bien lutte qu'il faut dire et, en admirant tout récemment nos sapeurs du génie surélevant avec des sacs de ciment les parapets devenus impuissants, nous avions bien le sentiment de la guerre des éléments se heurtant à l'héroïsme de l'homme.

On est parvenu ainsi à diminuer un peu le désastre, mais on a été vaincu tout de même. Il y a eu un certain nombre d'existences sacrifiées et beaucoup de biens ont été engloutis.

Le grand ouvrage de défense durable réalisé par Paris, comme par la plupart des grandes villes pourvues de cours d'eau, est l'édification de quais plus ou moins élevés. Ceux de Paris méritent de nous arrêter un moment. Ils datent de Philippe le Bel qui, en 1312, ordonna d'en construire un sur la pente ombragée de saules, agréable lieu de promenade par le beau temps, mais couverte par l'eau dès que le fleuve grossissait, qui s'étendait le long du couvent des Augustins, jusqu'à l'hôtel de Nesle. Philippe eut quelque peine à faire comprendre ses ordres, et ces berges continuèrent d'être visitées par les crues. D'ailleurs, ne vîmes-nous pas encore, ces jours passés, la rue Gît-le-Cœur, sur l'emplacement de laquelle était située « la maison de notre amé et féal l'évêque de Chartres » que le Roi désigne ainsi expressément dans sa lettre au Prévôt, remplie d'eau au point de n'admettre la circulation qu'en bateau ?

Sous les règnes de Charles V et de Charles VI, « on construisit, dit Bonamy (Mémoires de l'Académie des Inscriptions, t. XVIII), un mur épais le long de la rivière, avec des tours de distance en distance, depuis la tour de Billi, bâtie derrière les Célestins, jusqu'à la tour de Barbel ou Barbeau, au bas du port Saint-Paul. On creusa de larges et profonds fossés dans tout le circuit de l'enceinte de Charles V, depuis la tour de Billi jusqu'à la tour du Bois, au bas de la rue Saint-Nicaise, au-dessus du Louvre. Tous ces changements empêchèrent les eaux de se répandre, par les Célestins, dans le quartier du Marais pendant les inondations ordinaires. »

En 1507, un arrêt du Parlement ordonna le relèvement du sol de la Cité. Ce serait au cours des travaux qui furent alors exécutés que disparurent les treize marches par lesquelles on entrait dans la cathédrale.

Le quai du Louvre a été construit sous François Ier de même que le quai de la Mégisserie. En 1534 et 1555, des lettres de Henri II ordonnèrent la construction du quai Saint-Bernard, « autrement dit de la Tournelle, et d'y employer les plus clairs deniers du domaine. » En 1558, un mur fut construit sur le petit bras de la Seine, pour soutenir les maisons de cette rue. Les futurs galériens relégués au Petit-Châtelet furent employés à ces travaux. De 1561 à 1566, on fit, entre le Petit-Pont et le pont Saint-Michel, un quai qui, à cause des boutiques aussitôt installées, devint le Marché Neuf.

De 1564 à 1572, on travailla au quai de Nigeon ou de Chaillot, que l'on appelle aussi le quai Neuf des Bons Hommes et qui est aujourd'hui le quai Debilly.

Jusqu'à Henri IV, les quais étaient exécutés avec de pauvres matériaux, en bois ou en maçonnerie irrégulière. Désormais on élèvera des ouvrages en pierre de taille. Il est vrai qu'ils n'offriront pas encore à la Seine un obstacle continu et qu'elle aura un libre accès en bien des parties basses. Il est vrai aussi que parfois on appelait quai ce qui, pour nous, n'est que le bas quai : « devant la Grève, le port au foin, le port au grain et celui de Saint-Nicolas du Louvre, ils sont en glacis ou pente insensible et commode pour l'embarquement et le débarquement des marchandises. »

L'inondation de 1910, comme celles de 1882, 1883, 1876, etc., prouve que les quais, tout en protégeant efficacement les riverains, n'empêchent pas les caves et un grand nombre de rues, même situées assez loin de la Seine, de se remplir d'eau. Nos lecteurs en trouveront la raison dans ce qui a été dit plus haut : tous les muraillements n'empêcheront pas la nappe souterraine de déborder, lorsqu'elle n'aura plus son écoulement. Certains ingénieurs, et non des moindres, puisque ce sont Deparcieux, Lambert, Cordier, accusent même les quais, ou du moins le rétrécissement qu'ils infligent à la rivière, d'aggraver l'inondation.

« Non seulement, dit Deparcieux, les ponts et les quais resserrent trop le lit de la rivière dans Paris, mais on a encore embarrassé ou diminué d'une étrange manière le peu de passage qu'on avait d'abord laissé à quelques-uns. Il est fâcheux qu'on ait laissé construire le quai de Gèvres sur le lit même de la rivière, etc. »

« Assurer, disait Lambert en 1807, que plus on rétrécira le lit de la rivière et plus on mettra d'obstacles à son cours, plus les eaux auront de facilité à s'écouler, moins nous aurons d'inondations à craindre, par la raison que les eaux augmenteront de vitesse : c'est ce qui ne nous paraît pas aisé à concilier avec les premiers principes de l'hydraulique. »

« Paris, ajoute Cordier en 1827, est plus exposé que jamais aux chances des inondations : quatre nouveaux ponts, des quais, des ports, l'estacade de l'Ile Saint-Louis rétrécissent à ce point le débouché, que les eaux, dans les débâcles, s'élèveront à une plus grande hauteur et causeront de plus grandes pertes. »

Que proposent donc ces hommes compétents, pour prévenir les inondations ? Un canal de dérivation. Ils ne diffèrent que dans le tracé. Deparcieux voulait « saigner la Marne sous Gournay par un canal qui, passant par Villemonble et Bondy, portera dans la Seine, à Saint-Denis, l'excédent de l'eau nécessaire à la navigation. » Lambert proposait de commencer le canal dans la Marne, un peu au-dessous de Neuilly, et de le faire aboutir à Saint-Ouen dans la Seine, par le chemin de Rosny, Noisy et Pantin. Le canal de Cordier, plus court, mais très large, s'étendait d'Ivry à Grenelle. Il y a eu du reste un grand nombre d'autres projets plus ou moins analogues et nous savons qu'aucune suite ne leur fut donnée.

Il faut d'ailleurs remarquer que ces exutoires ne sauraient s'établir sans de gigantesques dépenses et, qui pis est, sans augmenter les mauvaises conditions des localités d'aval. Il convient certainement d'insister plutôt sur les mesures préventives et, de ce côté, il y a de quoi satisfaire l'activité des ingénieurs, des agriculteurs et des industriels.

ISBN : 978-1724795632

www.ingramcontent.com/pod-product-compliance
Lightning Source LLC
Chambersburg PA
CBHW070943220526

45469CB00007B/2492